U0384938

## 大马警官

生肖小镇负责维持交通秩序的警察，机警敏锐。有一辆多功能警用摩托车，叫闪电车，能变出机械长臂进行救援。

## 喇叭鼠

生肖小镇玩具店的老板，也是交通安全志愿者，有一个神奇的喇叭，一吹就能出现画面。

交警叔叔阿姨送给小朋友的礼物!

图书在版编目(CIP)数据

大马警官的一天 / 葛冰著；赵喻非等绘；公安部道路交通安全研究中心主编. - 北京：研究出版社，2023.7

（交通安全十二生肖系列）

ISBN 978-7-5199-1478-3

Ⅰ.①大… Ⅱ.①葛… ②赵… ③公… Ⅲ.①交通运输安全－儿童读物 Ⅳ.①X951-49

中国国家版本馆CIP数据核字(2023)第078920号

◆ 特别鸣谢 ◆

湖南省公安厅交警总队

广东省公安厅交警总队

武汉市公安局交警支队

北京交通大学幼儿园

北京市丰台区蒲黄榆第一幼儿园

大马警官的一天（交通安全十二生肖系列）

出版发行：中国出版集团有限公司 研究出版社

策　划：公安部道路交通安全研究中心

银杏叶童书

出 品 人：赵卜慧

出版统筹：丁　波

责任编辑：许宁霄

编辑统筹：文纪子

装帧设计：姜　楠

助理编辑：唐一丹

地址：北京市东城区灯市口大街100号华腾商务楼　邮编：100006

电话：（010）64217619　64217652（发行中心）

开本：880毫米×1230毫米　1/24　印张：18　字数：300千字

版次：2023年7月第1版　印次：2023年7月第1次印刷

印刷：北京博海升彩色印刷有限公司　经销：新华书店

ISBN　978-7-5199-1478-3　定价：384.00元（全12册）

交通安全十二生肖系列

公安部道路交通安全研究中心　主编

# 大马警官的一天

葛 冰 著　姜 楠 绘

大马警官是小镇上的交通警察，负责维持交通秩序，这是关于他的故事。


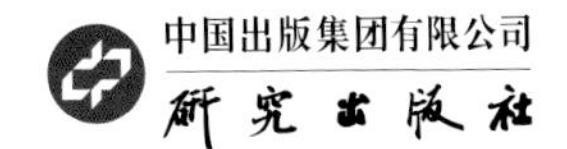

生肖小镇以前车很少，人也很少。后来，有了红绿灯，有了斑马线，有了第一个交通警察。

大马从小就想当交通警察。

我的理想：
长大当
交警！

嘀嘀嘀——嘀嘀嘀——

早上六点，闹钟准时响起。

上班第一天可不能迟到了。

穿上崭新的警服，大马警官别提多神气了。

六点五十分，大马警官骑上闪电车，开始了今天的巡逻。

为了您的安全，我们一马当先！

紧张忙碌的一天。

呼噜蛋糕店

小猪哼哼家的蛋糕店今天开张，不一会儿，顾客在门前就挤成了一锅粥。

大马警官赶忙过来指挥交通。

警察

大马警官拦住了骑着电动自行车的虎爸爸:“您驾驶电动自行车在路上逆行，还没戴安全头盔，违反交通安全法律法规，这对大人和孩子来说都很危险。”

“我着急来参加小猪家的开业典礼，而且那么多车为什么只拦我？”虎爸爸火冒三丈。

白马队长赶紧过来：“我们对所有违法违规的人都一视同仁，希望您能给孩子做一个好榜样。”

虎爸爸羞愧地低下头。

白马队长鼓励大马警官：“不断努力学习，你肯定能成为经验丰富的交通警察。”

大马警官暗暗下决心：我一定要加油！

从早到晚……

日复一日……

大马警官成为了一名优秀的交通警察。

# 大马警官

警服新崭崭，

警灯亮闪闪。

指挥交通忙，

全心护安全。

大家好，我是大马警官。
为了您的安全，我们一马当先！

# 一起为孩子的安全保驾护航

家长朋友们，我是大马警官，很高兴用这样的方式与大家见面！如果问："您对孩子最大的希望是什么？"我想您会说："希望孩子能平安健康地成长。"

没错，孩子们的平安是多么重要的事情啊！

其实，孩子们的平安也是无数个大马警官最深沉的牵挂。据统计，每年有数千名学龄前儿童和小学生遭受交通事故伤害，其中很大一部分交通事故是因为缺乏交通安全风险意识造成的。所以说，家长尽到自己的监护责任，帮助孩子树立风险意识，可以使孩子们在日常生活中远离交通事故伤害。

每一个安全风险点的学习，都可以帮助孩子们在今后的成长中做到知危险、会避险。这套绘本的目的就是为了让孩子们在看完每个故事之后，能牢牢把握自身安全的主动权，在未来漫长的人生中，掌握日常出行的安全密码，感受遵规守法与交通文明带来的幸福体验。当然，大马警官也希望亲爱的家长能陪伴孩子亲子共读，平时遵守交通安全的法律法规，以身作则，做文明交通的践行者。我相信，守规矩、有责任的家长一定是孩子最好的榜样。

一起加油！